Les Petites Pommes du Savoir

Eric Buffetaut

Que nous racontent les FOSSILES ?

Les Petites Pommes du Savoir

Éditions
Le Pommier

conception graphique :
Atelier Daniel Leprince
relecture : Valérie Gautheron

Le Pommier, 2009

ISSN : 1625-1245
ISBN 13 chiffres : 978-2-7465-0409-7
239, rue Saint-Jacques, 75005 Paris
www.editions-lepommier.fr

Collection développée avec le concours du ministère de la Culture et de la Communication (Centre national du livre et Cité des sciences et de l'industrie), dans le cadre du Fonds Jules-Verne.

Il y a un certain temps que les humains s'intéressent aux fossiles. Dans une des grottes d'Arcy-sur-Cure, en Bourgogne, le préhistorien André Leroi-Gourhan trouva dans un niveau paléolithique remontant à plus de 50 000 ans un polypier et un gastéropode fossilisés qui y avaient été apportés par des Néandertaliens. Comment de tels objets étaient interprétés par ces hommes que nous considérons eux-mêmes comme fossiles, nous ne le saurons sans doute jamais. L'histoire nous montre que les restes d'organismes disparus conservés dans les roches ont fait l'objet des spéculations les plus diverses avant que l'on parvienne à comprendre ce qu'ils étaient réellement et à lire en eux un récit. Il fallut d'abord restreindre la définition du mot « fossile », qui vient du latin *fodere*, « creuser », et fut longtemps attribué à tous les objets que l'on trouvait en creusant le sol, y compris non seulement à ceux que nous disons « fossiles », c'est-à-dire à des restes d'être vivants, mais aussi à toutes sortes de minéraux, concrétions et autres formations inorganiques. Ce n'est guère qu'au cours du XVIIIe siècle que le mot « fossile » prit son sens actuel.

Mais réaliser que les fossiles sont les restes d'êtres vivants ayant vécu dans le passé n'est qu'une première étape. Ils peuvent nous dire beaucoup plus que cela, à condition de savoir les interpréter. Au fil du temps, ils ont d'ailleurs conté des histoires bien différentes – jusqu'à celle qu'ils nous racontent aujourd'hui et qui est fondamentale pour comprendre notre place dans l'Univers, car c'est celle de l'évolution du monde vivant. Mais il n'est pas sans intérêt de découvrir comment on en est arrivé là.

Les fossiles racontent le Déluge biblique

Dans l'Antiquité, les os pétrifiés de grands animaux furent souvent considérés comme les restes de héros mythologiques, et longtemps encore, en Europe comme en Chine, on continua à y voir, à l'occasion, les ossements de géants ou de dragons. Plus humbles, les coquillages trouvés dans les roches à l'intérieur des terres furent interprétés par certains penseurs comme indiquant que la mer s'était autrefois étendue sur des régions aujourd'hui émergées. Dans un cas comme dans l'autre, c'était là reconnaître que les fossiles étaient bien les restes d'êtres vivants. Mais il fallut attendre longtemps pour que l'unanimité se fasse à ce sujet : au XVIIIe siècle, on trouve encore des auteurs qui croient que les fossiles sont des « jeux de la nature », créés au sein des pierres par des forces mystérieuses.

Néanmoins, dès le Moyen Âge, on entrevoit que les fossiles pourraient être des témoins de l'histoire du monde. Mais cette histoire, pour les chrétiens de l'époque, est déjà connue : elle figure en toutes lettres dans le récit biblique. Et le seul événement majeur ayant affecté la surface de la Terre depuis la Création, c'est le Déluge, catastrophe majeure ayant entraîné une inondation universelle. Voilà qui explique bien la présence de coquilles marines et de poissons fossilisés jusqu'au sommet des plus hautes montagnes, et aussi d'ailleurs celle de restes attribuables aux nombreux êtres qui périrent noyés faute d'avoir trouvé place dans l'arche de Noé. Les fossiles racontent donc l'histoire sainte, ce qui en fait des objets de grande valeur, dignes des cabinets de curiosités des savants. Au début du XVIIIe siècle, le médecin suisse Johann Jakob Scheuchzer en rassemble une importante collection, qu'il décrit dans de somptueux ouvrages. Pour lui, la plus belle des preuves de la véracité du récit de la Genèse est le squelette d'un des « pauvres pécheurs » victimes du Déluge (Cuvier montrera, quelques décennies plus tard, que cet « homme témoin du Déluge » n'étant autre qu'une salamandre géante).

Tout le monde ne croit pas à cette interprétation des fossiles. Léonard de Vinci, qui a pris la peine d'aller observer la façon dont ils se présentent sur le terrain, constate que les coquilles dans les sédiments sont parfois en position de vie, et non des débris charriés par les eaux torrentueuses du Déluge.

L'étude de plus en plus précise des roches et des fossiles qu'elles contiennent va graduellement montrer que l'histoire que racontent ces objets encore mystérieux est sans doute plus complexe et plus longue que le récit biblique de la Genèse, qui, selon les exégètes de l'époque, ne couvre guère que cinq à six mille ans. Dès la fin du XVIIe siècle, Robert Hooke, esprit curieux de tout et rival de Newton, voit dans les fossiles des « médailles, les urnes ou les monuments de la nature » qui permettront un jour de reconstituer l'histoire de la Terre, tout comme les monuments et monnaies de l'Antiquité permettent de retracer l'histoire des civilisations.

Les fossiles racontent l'histoire de la Terre

Buffon, dans ses *Époques de la Nature* (1778), présente une histoire de la Terre qui remonte loin dans le temps (il envisage des dizaines de milliers d'années, voire plus, mais doit rester prudent car les théologiens de l'université de Paris veillent). À partir d'un globe en fusion se refroidissant graduellement, il suppose des étapes successives, et les fossiles y trouvent leur place. Ainsi, les restes de grands quadrupèdes ressemblant à des éléphants trouvés dans les régions froides de Sibérie et d'Amérique du Nord indiqueraient que ces parties du monde ont connu autrefois un climat plus chaud. Après Hooke, Buffon est aussi un des premiers à affirmer que des espèces ont pu s'éteindre complètement, ce qui à cette époque est audacieux, car de telles disparitions paraissent aller à l'encontre de la plénitude de la Création divine.

Ce concept d'extinction des espèces est crucial – sans lui, la paléontologie ne peut pas se développer en tant que science. Il est également fondamental de réaliser qu'il n'a pas existé un seul monde « antédiluvien », mais toute une série de faunes et de flores qui se sont succédé avant l'apparition de l'homme. Au tournant des XVIIIe et XIXe siècles, Blumenbach envisage une telle succession. Mais c'est Georges Cuvier, à la même époque, qui va donner aux scientifiques les moyens de la retracer avec précision, en énonçant les principes de l'**anatomie comparée** qui permettront de reconstituer les espèces disparues, par la comparaison avec les êtres actuels, dont les parties du corps ne sont pas structurées au hasard, mais en lien direct avec les fonctions qu'elles remplissent : ainsi, chez un carnivore, on trouve à la fois des dents tranchantes et des griffes parce que cet animal doit agripper et dévorer ses proies, etc.

Cuvier montre donc que d'innombrables espèces ont disparu au cours des temps géologiques, dont la durée exacte restera inconnue jusqu'au XXe siècle, quand on pourra enfin la mesurer grâce à la radioactivité de certains minéraux. Il pressent pourtant qu'elle est beaucoup plus longue que les quelques milliers d'années acceptés par ceux qui prennent le récit biblique à la lettre. Et même si les durées exactes des époques géologiques ne peuvent encore être évaluées, les fossiles peuvent permettre d'établir leur ordre chronologique, car chaque époque a eu sa flore et sa faune propres. En combinant l'étude de la superposition des terrains et celle des restes fossilisés qu'ils contiennent, Cuvier et son collaborateur Adolphe Brongniart vont ainsi reconstituer l'histoire géologique des environs de Paris et en produire la première carte géologique. Mais ces brillants intellectuels français ne sont pas les seuls à avoir compris comment les fossiles peuvent nous raconter l'histoire de la Terre. Dès les années

1790, en Angleterre, William Smith, géomètre largement autodidacte occupé au creusement de canaux et de mines, a fort bien compris l'utilité des fossiles pour la **datation relative** des terrains, qui permet de les replacer dans le temps les uns par rapport aux autres. Ses efforts culmineront dans une remarquable carte géologique de l'Angleterre et du pays de Galles publiée en 1815. Les fossiles ne sont donc plus seulement des curiosités naturelles propres à divertir les collectionneurs, ils sont un outil permettant de retracer avec précision l'histoire de la Terre, avec tout ce que cela comporte comme applications pratiques pour la recherche de ressources naturelles telles que les minerais ou la houille, si recherchées en pleine révolution industrielle.

Les fossiles racontent l'histoire des êtres vivants

Mais il ne s'agit pas seulement d'une révolution industrielle, la révolution est aussi dans la conception qu'on peut se faire du monde vivant. Comme le montre la paléontologie naissante, toutes les espèces animales et végétales n'ont probablement pas été créées simultanément il y a quelques millénaires. Leur histoire est longue et compliquée, ponctuée d'extinctions. Cuvier donne à ces disparitions un rôle de premier plan : des catastrophes de grande ampleur, dévastant des continents entiers, ont anéanti des faunes complètes, après quoi les régions détruites ont été repeuplées par des survivants venant de zones épargnées. Ainsi s'expliquent les changements énormes que nous révèlent les fossiles. Ce catastrophisme n'est pas du goût de tout le monde. La transformation des espèces vivantes au cours du temps pourrait aussi rendre compte des changements observés, ainsi que le pensent Jean-Baptiste de Lamarck et Étienne Geoffroy Saint-Hilaire, mais Cuvier, fort de ses principes anatomiques qui excluent qu'une partie d'un organisme change sans entraîner des dégâts majeurs pour l'ensemble, récuse tout changement de ce type. Les tenants d'une Création divine unique, fidèles au récit biblique, ne peuvent qu'approuver, même si Cuvier lui-même est loin de prendre ce récit au pied de la lettre.

Cependant, les progrès de la paléontologie placent les paléontologues eux-mêmes dans une position de plus en plus difficile. Le nombre des espèces fossiles connues ne fait qu'augmenter et leur répartition dans le temps suscite des interrogations : n'observe-t-on pas un progrès du monde vivant au cours des époques géologiques, du plus simple vers le plus compliqué ? La controverse est vive : même les adversaires les plus acharnés du catastrophisme de Cuvier, comme Charles Lyell en Grande-Bretagne, répugnent à admettre une telle progression, contraire à leurs yeux à l'idée d'une Création divine. Mais les choses ne sont pas plus simples pour les catastrophistes : le brillant paléontologue Alcide d'Orbigny se voit obligé, vers 1850, de postuler vingt-huit extinctions totales de toute vie sur notre planète, suivies d'autant de nouvelles créations, pour rendre compte de ce que lui enseignent les fossiles ! Religieusement parlant, cela n'a rien de très orthodoxe et d'un point de vue scientifique, ce recours à l'inconnaissable n'est pas non plus très satisfaisant. Les fossiles nous racontent bien l'histoire du monde vivant, une histoire longue et complexe, tout le monde en convient, mais comment interpréter ce récit apparemment « plein de bruit et de fureur » ? Voilà la question qui se pose aux scientifiques en ce milieu du XIXe siècle.

Les fossiles racontent l'évolution des espèces

La solution à ce problème qui agite les esprits dans ces années 1850 tient en un mot : évolution. Certains ont pensé que les fossiles parlaient en ce sens – Lamarck fort peu (il répugne à admettre l'extinction des espèces), Geoffroy Saint-Hilaire beaucoup plus. Dès 1825, ce dernier voit dans des crocodiles fossiles trouvés en Normandie les ancêtres d'espèces actuelles. Mais ses généalogies sont fantaisistes, et il ne convainc pas grand monde. C'est Charles Darwin qui va imposer cette interprétation, à partir de la publication de son grand livre sur *L'Origine des espèces par voie de sélection naturelle*, dont la première édition paraît en novembre 1859. En offrant enfin, avec la sélection naturelle, un mécanisme clair et convaincant pour expliquer la transformation des espèces, il va, en dépit des oppositions, faire triompher en peu d'années le concept d'évolution, aidé en cela par des partisans convaincus. Darwin est un des derniers savants universels, capable d'aborder avec compétence aussi bien la géologie que la botanique et la zoologie. Un des grands géologues de l'époque, Charles Lyell, que nous avons déjà rencontré, exerce une influence certaine sur sa pensée en rejetant les catastrophes extraordinaires dont on abusait pour expliquer les changements survenus au cours de l'histoire de la Terre : ne peut-on expliquer simplement les phénomènes d'autrefois par ceux que l'on constate de nos jours ? Le présent n'est-il pas la clé du passé ? Darwin appliquera ce précepte à l'histoire des êtres vivants. Il a une expérience personnelle de la paléontologie, acquise, comme tant d'autres des faits qui le conduiront à sa théorie de l'évolution, au cours du voyage autour du monde qu'il a fait à bord du *Beagle* de 1831 à 1836. Lors d'escales en Patagonie, il a récolté des ossements fossiles de grands mammifères qui sont surprenants à plusieurs égards. Certains de ces animaux paraissent montrer dans leur squelette un mélange de caractères que l'on rencontre aujourd'hui dans des groupes bien distincts. Plus significatif encore à ses yeux, il découvre en Amérique du Sud des rapports étroits entre la faune éteinte et celle de son temps : les glyptodontes, avec leur énorme cuirasse osseuse, sont des parents des tatous, de même que les gigantesques paresseux terrestres sont des cousins des petites espèces arboricoles actuelles. Darwin ne s'y trompe pas : « Cette merveilleuse relation, sur le même continent, entre les morts et les vivants éclairera sans nul doute davantage, à l'avenir, l'apparition et la disparition des êtres organisés sur notre Terre que toute autre classe de faits. » C'est faire grande confiance aux données de la paléontologie. D'autre part, la **sélection naturelle**, qui élimine les formes moins « favorisées » au profit des plus aptes, fournit une explication plausible au problème de l'extinction des espèces sans qu'il faille avoir recours à des phénomènes catastrophiques ou surnaturels.

Pourtant, dans son grand livre de 1859, Darwin consacre de nombreuses pages à tenter d'expliquer pourquoi les fossiles ne fournissent pas des preuves plus éclatantes de sa théorie de la « descendance avec modification », comme il dit alors, avant que le terme « évolution » ne finisse par s'imposer. Si les apports de la paléontologie le déçoivent un peu, c'est que les formes intermédiaires, qui illustreraient la continuité entre les espèces qu'implique la notion même d'évolution, ne sont pas si nombreuses parmi les fossiles. Les « chaînons manquants » manquent vraiment, si l'on peut dire. Et Darwin craint qu'ils ne continuent à faire défaut. Pour expliquer cette insuffisance des fossiles, il se rabat sur une idée simple : si l'on n'a pas découvert ces fossiles intermédiaires, c'est simplement parce qu'ils n'ont pas été conservés, car les archives géologiques sont très incomplètes. Du fait des vicissitudes subies par la surface de notre globe, les dépôts fossilifères sont très lacunaires, l'érosion a effacé des pans entiers de l'histoire des êtres vivants.

Mais Darwin est d'un pessimisme excessif, que les découvertes paléontologiques l'obligeront à tempérer. Deux ans seulement après la publication de *L'Origine des espèces*, on découvre en Bavière, dans des calcaires lithographiques d'âge jurassique, les restes d'une étrange créature dont le squelette évoque à bien des égards celui d'un reptile mais dont le corps est couvert de plumes. Ce premier spécimen d'*Archaeopteryx* suscite de vives discussions parmi les paléontologues, parce que l'on réalise très vite que ce pourrait bien être un de ces **chaînons manquants**, une des ces formes intermédiaires qui pourraient combler le fossé apparemment profond entre deux classes de vertébrés, à savoir les reptiles et les oiseaux. Dès les années 1860, Thomas Huxley, disciple et défenseur de Darwin, conclut que les dinosaures (pourtant encore bien mal connus) constituent le groupe animal le plus proche des oiseaux. L'interprétation en termes évolutionnistes des découvertes paléontologiques se répand jusqu'à devenir rapidement la règle, et comme certaines de ces découvertes sont spectaculaires, les fossiles deviennent bientôt une des preuves les plus éclatantes de l'évolution. Vers la fin de sa vie, en 1880, Darwin aura la satisfaction d'écrire au paléontologue américain Othniel C. Marsh que ses travaux sur les oiseaux primitifs et les nombreux autres vertébrés fossiles qu'il a découverts dans l'Ouest américain « ont fourni le meilleur soutien qu'ait reçu la théorie de l'évolution pendant ces vingt dernières années ».

À partir des années 1870, les paléontologues sont acquis à l'idée d'évolution des espèces dans leur immense majorité et s'efforcent de reconstituer ce que l'un d'entre eux, le Français Albert Gaudry, appelle les « enchaînements du monde animal », les lignées évolutives qui relient les unes aux autres les espèces fossiles et actuelles. Nombre de généalogies frappantes pour l'opinion de l'époque sont alors proposées, la plus célèbre étant sans doute celle du cheval, animal dont l'importance dans la vie de tous les jours est encore immense à cette époque, et dont on découvre qu'il a eu des ancêtres de la taille d'un chien qui eussent été bien incapables de porter un cavalier ou de tirer une calèche. Tous les paléontologues ne sont pas forcément des darwinistes en cette fin du XIXe siècle, nombre d'entre eux préfèrent à la simple sélection naturelle des « lois de l'évolution » qui entraîneraient les transformations des espèces dans des voies pas nécessairement adaptatives. Mais presque tous se réclament de l'évolution et il est difficile de trouver un ouvrage sur le sujet qui ne s'appuie pas peu ou prou sur les fossiles pour en démontrer la réalité. Depuis Darwin, les fossiles, indéniablement, nous racontent l'évolution des espèces. Mais que nous disent-ils vraiment à son sujet, cent cinquante ans après *L'Origine des espèces* ?

Que nous disent les fossiles aujourd'hui ?

Parmi les récits que les fossiles ont racontés aux humains au fil des temps, certains n'ont plus cours. On ne voit plus dans les grands ossements fossilisés ceux de géants ou de dragons. Et seules quelques sectes créationnistes persistent à chercher dans le Déluge biblique l'explication des découvertes de la paléontologie. Même si elles rencontrent, hélas, un certain succès auprès d'une partie du public, elles ne peuvent évidemment pas être prises au sérieux une seule seconde.

Les fossiles, au contraire, continuent à nous raconter, avec de plus en plus de détails, deux grands récits qui sont tellement imbriqués qu'à bien des égards, ils n'en font qu'un : celui de l'histoire de la Terre et celui de l'évolution des espèces.

Pour reconstituer la succession des événements qui ont marqué l'histoire de notre planète, les chercheurs d'aujourd'hui, en plus des fossiles, disposent de nombreux outils que n'avaient pas les pionniers du début du XIXe siècle. La mesure des taux de désintégration des éléments radioactifs contenus dans les roches nous a donné, à partir du début du XXe siècle, des dates en années, grâce auxquelles nous savons, par exemple, que la Terre s'est formée il y a quelque 4,6 milliards d'années, ou que le règne des dinosaures a pris fin il y a 65 millions d'années. Toutes les grandes dates du calendrier de l'histoire du globe nous sont ainsi connues, avec une précision croissante, mais le calendrier lui-même a été établi au départ sur la base des fossiles – du moins pour la période, longue d'environ 540 millions d'années, pour laquelle on dispose de fossiles nombreux, aisément utilisables pour l'établissement d'une chronologie relative, ainsi que l'avait reconnu William Smith dès la fin du XVIIIe siècle. Ce n'est certes qu'une fraction de l'histoire de notre planète, mais grâce précisément aux fossiles, elle nous est désormais connue avec un grand luxe de détails. Les âges relatifs fournis par les paléontologues à partir des fossiles demeurent à ce jour un outil indispensable à nombre d'études géologiques, et même s'il ne faut pas exagérer indûment les applications pratiques et économiques de la paléontologie, les compagnies pétrolières font toujours appel aux micropaléontologues pour dater leurs carottes de sondage à partir des fossiles minuscules qu'elles contiennent, car pour trouver du pétrole il est évidemment utile de connaître l'âge des couches géologiques que l'on traverse plutôt que de forer au hasard.

L'étude des fossiles nous renseigne aussi indirectement sur les changements survenus à la surface de notre planète au cours des temps géologiques. Depuis les philosophes de l'Antiquité, qui voyaient dans les coquillages pétrifiés le signe d'une plus grande extension des mers, d'immenses progrès ont été faits, mais l'idée de départ demeure : les fossiles sont des témoins des environnements du passé. Cuvier et Brongniart s'en servirent pour reconstituer les allées et venues de la mer dans le Bassin parisien, en examinant les alternances de coquilles marines et d'eau douce ou d'ossements de mammifères terrestres. Les paléontologues d'aujourd'hui font de même : pour savoir dans quel milieu, continental ou marin, proche du rivage ou en plein océan, s'est déposée une roche sédimentaire, les restes d'êtres vivants qu'elle contient constituent un guide fiable pour qui sait les interpréter. Une coquille d'ammonite, céphalopode qui vivait en haute mer, nous indique clairement un sédiment d'origine marine, alors qu'une empreinte de pas de dinosaure est un signe indiscutable d'une formation continentale. Au-delà de la simple dichotomie terre/mer, les fossiles sont aussi des outils de reconstitution précise des environnements du passé. La présence de restes fossilisés d'organismes tropicaux, comme les crocodiles, ou polaires, comme les rennes, dans les roches de l'Europe tempérée a beaucoup surpris les naturalistes du XVIIIe siècle avant qu'on réalise que de tels spécimens pouvaient permettre de retracer les changements du climat au cours du long passé de la Terre. Dans ce domaine aussi, nombre de techniques physico-chimiques sont venues s'ajouter à l'arsenal scientifique qui sert à explorer ces changements. Les **isotopes** de l'oxygène, qui sont des variétés de cet élément différant par le nombre de neutrons dans leur noyau atomique, sont ainsi utilisés comme un thermomètre géologique, qui peut nous donner des températures assez précises pour des périodes très reculées.

Mais les fossiles n'en ont pas perdu pour autant leur utilité d'indicateurs paléoclimatiques. Les organismes du passé ont enregistré dans leurs tissus fossilisés les traces chimiques de l'évolution des températures et c'est souvent sur des fossiles que l'on mène les études isotopiques évoquées plus haut, car les proportions des isotopes de l'oxygène dans les tissus d'un être vivant varient en fonction de la température. Le vieil adage qui régit les sciences géologiques depuis les années 1830, suivant lequel le présent est la clé du passé, nous suggère aussi que les conditions de vie des espèces actuelles peuvent servir de guide pour reconstituer celles des organismes similaires qui ont vécu dans le passé. Les récifs de coraux fossiles ont dû s'édifier dans des mers chaudes, comme ceux d'aujourd'hui. Le contour des feuilles fossiles, par comparaison avec celui des feuilles d'arbres actuels, nous donne des indications précises sur les conditions climatiques sous lesquelles vivaient les plantes en question. Les crocodiles, de nos jours, sont restreints aux parties chaudes du monde, et tout porte à croire que leurs parents disparus avaient à peu près les mêmes exigences – leurs fossiles peuvent donc eux aussi servir à estimer les températures qui régnaient en un lieu donné il y a des dizaines de millions d'années. Pour les périodes relativement proches de nous, en particulier pour le Quaternaire, qui a débuté il y a 1,8 million d'années, les grains de pollen contenus dans les sédiments, en permettant de reconstituer les couverts végétaux, fournissent un outil très précis de reconstitution du climat. On peut ainsi suivre les énormes fluctuations des derniers épisodes glaciaires, quand la toundra recouvrait une bonne partie de la France, ou les péripéties de la déglaciation, avec par exemple le Sahara vert et humide cédant la place aux dunes et aux cailloux du désert.

Les fossiles nous racontent l'histoire des climats et des environnements, ils nous disent aussi celle de la géographie, en jalonnant les changements des terres et des mers. Les cartes paléogéographiques que nous proposent les ouvrages de géologie sont largement le résultat de l'interprétation des fossiles. Il est vrai que les changements de la répartition des terres et des mers ne sont pas seulement le résultat des montées et des descentes des niveaux marins : les continents se déplacent à la surface du globe, se séparent ou entrent en collision, poussés par des forces venues de l'intérieur de la Terre qui ont pour résultat la **tectonique des plaques**. Nous devons la découverte de ces mouvements continentaux au climatologue et géophysicien allemand Alfred Wegener, dont les idées sur la dérive des continents ne s'imposèrent d'ailleurs qu'après sa mort, en 1930. Dans son grand livre sur *L'Origine des continents et des océans*, dont la première édition parut en 1915 et qui rappelle un peu par sa structure *L'Origine des espèces*, il passe en revue une masse impressionnante de faits très divers, géologiques et autres, qui mènent à penser que des continents aujourd'hui séparés ont autrefois été accolés. La distribution géographique de certains fossiles, par exemple de part et d'autre de l'océan Atlantique, fait partie des arguments de poids qu'il utilise. Bien d'autres méthodes, inconnues ou à peine entrevues du temps de Wegener, sont aujourd'hui employées pour reconstituer les déplacements des continents au cours des temps, comme par exemple le magnétisme des roches, qui permet de calculer leur latitude au moment de leur formation et de reconstituer les étapes de l'ouverture des océans. Mais les fossiles n'en ont pas pour autant perdu leur utilité : les ressemblances et dissemblances entre faunes et flores disparues constituent des indices précieux pour mettre en évidence des connexions terrestres ou marines dans le passé. Une même plante fossile bien particulière, nommée *Glossopteris*, découverte dans des roches formées au Permien, il y a quelque 280 millions d'années, dans des régions aujourd'hui fort distantes les unes des autres, a fourni l'un des indices les plus convaincants pour reconstituer l'ancien « supercontinent » de Gondwana. L'Inde, l'Australie, l'Afrique du Sud, l'Antarctique et l'Amérique du Sud, où croissait la « flore à *Glossopteris* », étaient alors réunis pour ne former qu'une seule masse continentale, disloquée depuis par la dérive des continents. Les fossiles peuvent aussi nous aider à suivre les étapes de cet éclatement : trouver par exemple des fossiles de reptiles continentaux et de poissons d'eau douce à peu près identiques en Amérique du Sud et en Afrique dans des roches remontant au début du Crétacé, il y a quelque 120 millions d'années, suggère fortement que ces deux continents n'étaient pas encore complètement séparés par un océan à cette époque. Des débris issus de l'éclatement du Gondwana, comme l'Inde, ont même poursuivi leur dérive fort loin, jusqu'à aller percuter d'autres masses continentales. Ainsi l'apparition de divers animaux terrestres venus d'Asie dans les roches du sous-continent indien formées au début du Tertiaire, il y a une soixantaine de millions d'années, est un signe de la collision de ce « radeau indien », auparavant peuplé d'une faune différente, avec le grand continent eurasiatique, au terme d'une longue dérive vers le nord.

Et l'évolution dans tout ça ?

Les fossiles nous racontent donc une foule de choses sur l'histoire de notre planète, les changements de sa géographie, de ses climats, de ses environnements. Mais s'ils peuvent nous en dire autant, c'est avant tout parce qu'ils retracent l'évolution des espèces au cours des immenses durées des temps géologiques. Comme on a fini par le comprendre au cours du XIXe siècle, seul le concept d'évolution donne un sens aux fossiles et permet de comprendre leur diversité et leur distribution dans les roches de l'écorce terrestre. Toutes les autres tentatives d'explication sont vaines et ont été abandonnées depuis longtemps par les scientifiques, même si certains s'efforcent inlassablement de les remettre à l'honneur pour des raisons de fondamentalisme religieux, pour faire « coller » les données de la paléontologie avec des textes sacrés auxquels il est pourtant illusoire de prêter une signification scientifique.

Même s'il eut des prédécesseurs qu'il ne faut pas oublier, c'est bien à Charles Darwin qu'il est revenu d'imposer la notion d'évolution à un monde scientifique au début sceptique, mais qui en fait se laissa convaincre assez rapidement, face à des arguments si nombreux et si judicieux qu'il était difficile de leur résister. Les fossiles, cependant, ne sont pas les seuls éléments de la démonstration de Darwin, loin de là. La clé de son grand livre de 1859, c'est la sélection naturelle, qui élimine les êtres moins bien adaptés à leur environnement au profit de ceux qui montrent des adaptations plus efficaces. C'est en proposant enfin un mécanisme biologique concret pour expliquer les transformations des espèces au cours du temps qu'il emporte la conviction et que l'idée d'évolution s'impose. Mais cette sélection des plus aptes, cette « lutte pour la vie », selon l'expression consacrée, Darwin la découvre en étudiant attentivement le monde vivant de son époque, en s'inspirant des pratiques des éleveurs qui utilisent la sélection artificielle pour améliorer les races domestiques de plantes et d'animaux, en constatant que les ressources naturelles ne peuvent permettre à tous les organismes qui viennent au jour de survivre... Une sélection rigoureuse est donc à l'œuvre dans le monde vivant, et elle est le moteur de l'évolution. Pour fonctionner, il lui faut un matériel sur lequel s'exercer, à savoir les variations spontanées qui se produisent lors de la reproduction et font que de nouveaux caractères peuvent apparaître, puis être retenus ou éliminés par la sélection naturelle.

Mais Darwin ne connaît pas le fonctionnement de l'hérédité, il n'a pas prêté attention aux minutieuses expériences menées par Gregor Mendel dans son monastère de Moravie dans les années 1860. Cet aspect crucial du mécanisme évolutif ne commencera à être élucidé que vers 1900, lorsque les travaux de Mendel sur la transmission héréditaire seront redécouverts. Puis le rôle des gènes, et ensuite celui de l'ADN, seront compris. Pour parvenir à ce que l'on appelle la « théorie synthétique de l'évolution », ou **néo-darwinisme**, il faudra, vers le milieu du XXe siècle, la contribution fondamentale des biologistes, même si les paléontologues n'ont pas été absents de cette synthèse. Ce que nous savons des mécanismes de l'évolution, nous le devons surtout à l'étude des organismes vivants, au laboratoire comme sur le terrain. Les paléontologues ont bien tenté, vers le début du XXe siècle, de découvrir des régularités ayant force de loi dans le développement des êtres vivants à travers les temps géologiques, mais ces « lois de l'évolution » fondées sur l'étude des fossiles se sont pour l'essentiel révélées fallacieuses, car sujettes à beaucoup trop d'exceptions. Le hasard ne fait pas tout, loin de là, dans les mécanismes évolutifs, mais il joue un rôle suffisant pour que le déroulement de l'évolution ne puisse être réduit à des lois simples.

Si ce que nous savons des mécanismes de l'évolution provient avant tout des découvertes des sciences de la vie *actuelle*, de la biologie moléculaire à l'éthologie en passant par la génétique, quel est l'apport de la paléontologie ? Que nous disent exactement les fossiles sur l'évolution, sachant qu'on ne peut les croiser comme les petits pois de Mendel pour étudier la transmission de leurs caractères et que leur matériel génétique ne nous est guère accessible, sauf dans certains cas exceptionnels et géologiquement très récents, comme le mammouth ou l'homme de Neandertal ?

La chose la plus importante que les fossiles nous apprennent au sujet de l'évolution, c'est comment elle s'est déroulée. Il y a d'autres moyens que la paléontologie pour reconstituer les relations de parenté entre les espèces vivantes, sans faire appel aux fossiles. La **phylogénie moléculaire** en est un, qui se fonde entièrement sur les organismes actuels et permet de reconstituer des « arbres généalogiques » montrant suivant quel schéma les lignées menant aux plantes et aux animaux d'aujourd'hui ont divergé pour donner le monde vivant actuel. Pour cela, nul besoin de fossiles, le message contenu dans les molécules qui constituent ces êtres est suffisant pour rapprocher entre elles des espèces, qui d'ailleurs ne paraissent pas toujours extrêmement voisines à première vue. C'est ainsi que l'on peut dire que dans le monde actuel, à en juger par leurs molécules, le plus proche parent des êtres humains est le chimpanzé, ou que les oiseaux ont pour plus proches cousins les crocodiles. Mais ces résultats, si importants et utiles soient-ils pour notre compréhension du monde vivant, ne nous disent pas vraiment grand-chose sur la façon dont l'évolution s'est déroulée dans les profondeurs des temps géologiques – et cela d'autant moins que de nombreuses branches du grand arbre de la vie se sont éteintes sans laisser de rameaux vivant encore aujourd'hui.

Au sujet de ces lignées éteintes, la biologie moléculaire ne peut évidemment pas dire grand-chose, mais la paléontologie le peut, d'abord en révélant leur existence, ce qui n'est déjà pas si mal – rappelons-nous combien les contemporains de Cuvier furent stupéfaits d'apprendre qu'il avait existé dans le passé des multitudes d'espèces aujourd'hui disparues. Mais cela va bien sûr plus loin. Savoir que les crocodiles et les oiseaux, du point de vue moléculaire, sont des parents relativement proches ne nous dit pas comment les oiseaux sont apparus, ni qui sont leurs véritables ancêtres. Les fossiles, eux, nous le disent. *Archaeopteryx* d'abord, puis les nombreuses découvertes d'oiseaux primitifs et de petits dinosaures à plumes, réalisées en Chine depuis une quinzaine d'années, nous montrent que les oiseaux descendent selon toute probabilité de certains dinosaures carnivores. Même si nous ne connaissons pas encore les prédécesseurs directs d'*Archaeopteryx*, cette ascendance dinosaurienne des oiseaux ne fait plus de doute pour l'immense majorité des paléontologues. Sans les fossiles, qui seuls ont pu nous révéler les dinosaures dans leur étonnante diversité, nous n'en saurions rien et en serions réduits à supputer sur d'hypothétiques « chaînons manquants » entre crocodiles et oiseaux. Grâce à la paléontologie, nous pouvons affirmer que les oiseaux sont des descendants directs de certains dinosaures, et que les crocodiles ne sont que des « cousins » du groupe zoologique comprenant les dinosaures et les oiseaux (dont seuls ces derniers survivent aujourd'hui). La richesse réelle du monde vivant ne se révèle vraiment que si l'on prend en compte les fossiles, car il est clair que parmi toutes les espèces animales et végétales qui ont existé sur notre planète, la plupart sont aujourd'hui éteintes. La biodiversité actuelle n'est qu'une petite fraction de la biodiversité totale qui a peuplé le globe depuis les origines de la vie, il y a sans doute plus de 3,5 milliards d'années.

Les fossiles peuvent nous en dire plus encore, car ils nous indiquent de quelle façon se sont opérées les transformations évolutives. Les fossiles chinois mentionnés plus haut suggèrent ainsi que les ancêtres dinosauriens des oiseaux, avant de devenir capables d'un vol battu, sont très vraisemblablement passés par un stade arboricole et planeur. On peut multiplier les exemples de telles informations que seuls les fossiles peuvent fournir, et des transformations qui auraient paru invraisemblables aux naturalistes du début du XIXe siècle sont désormais bien attestées. Les découvertes paléontologiques nous montrent ainsi comment les nageoires de certains poissons se sont transformées en pattes permettant la locomotion sur la terre ferme – et inversement comment les pattes d'animaux terrestres ont pu se transformer en nageoires lorsque certains groupes se sont adaptés secondairement à la vie aquatique, comme les ichthyosaures et les plésiosaures parmi les reptiles, et les cétacés parmi les mammifères.

Cependant, les paléontologues du XXIe siècle ne voient pas exactement ces informations de la même façon que leurs prédécesseurs. Dans l'enthousiasme de la mise en évidence de l'évolution des espèces, les paléontologues de la fin du XIXe siècle ont cru identifier nombre de lignées évolutives, formées d'espèces considérées comme descendant les unes des autres. La plus célèbre d'entre elles est certainement la lignée du cheval, menant d'un petit mammifère de la taille d'un chien, possédant plusieurs doigts à chaque patte qui vivait au début du Tertiaire, à la « plus belle conquête de l'homme », le grand *Equus caballus* au doigt unique à chaque membre – cette longue évolution étant jalonnée par une série d'espèces illustrant, entre autres, l'augmentation de la taille et la réduction du nombre de doigts. Une bien belle histoire, racontée par les fossiles et répétée dans nombre de manuels et d'ouvrages de vulgarisation, mais trop belle, et surtout trop simple, pour être totalement vraie. Les découvertes paléontologiques ultérieures ont montré que les choses étaient plus complexes, que l'histoire des chevaux n'était pas aussi linéaire qu'on l'avait cru, mais plutôt buissonnante, avec des rameaux divers, dont la plupart ont disparu sans laisser de descendants. Mais il reste que les ancêtres lointains du cheval actuel, qui vivaient en milieu forestier, étaient bel et bien petits et pourvus de plusieurs doigts à chaque patte. Certains de leurs descendants, s'adaptant à un mode de vie différent, dans des milieux plus ouverts de prairie ou de steppe, où la vitesse de déplacement était un avantage, ont subi des transformations évolutives qui ont mené aux chevaux (et aux ânes et aux zèbres) actuels, aux membres modifiés pour la course. Le paléontologue d'aujourd'hui se défie des reconstitutions de lignées qui placent trop rapidement des espèces disparues en position d'ancêtres d'autres espèces, car le plus souvent, il est plus que difficile de prouver qu'un fossile donné constitue bien la forme ancestrale d'où dérive une forme plus récente. Les **phylogénies**, c'est-à-dire les généalogies d'espèces, proposées de nos jours montrent des successions de branchements le long d'un axe de l'évolution plutôt que des suites linéaires joignant ancêtres et descendants. Cela, évidemment, ne veut pas dire qu'il n'y ait pas eu de relations de descendance entre espèces au cours du temps – cela reviendrait à nier l'évolution – mais simplement qu'il n'est guère possible d'affirmer avec une certitude absolue que telle espèce fossile est à l'origine de telle autre, même si parfois les présomptions sont fortes. Ainsi, on ne présentera plus aujourd'hui *Archaeopteryx* comme l'ancêtre de tous les oiseaux ultérieurs, mais plutôt comme la plus ancienne branche connue sur le grand arbre de l'évolution des oiseaux.

Les fossiles nous renseignent donc sur les grandes étapes de l'évolution des êtres vivants, et ils sont les seuls à pouvoir vraiment le faire. De surcroît, ils nous indiquent les *modalités* des transformations qui caractérisent ces étapes, nous montrent comment, *via* quelles formes intermédiaires, le cheval a réduit le nombre de ses doigts ou l'oiseau acquis ses ailes. Sur les *mécanismes* du changement évolutif, ils sont plus difficiles à faire parler, notamment parce qu'on ne peut pas en faire des sujets d'expériences, ils sont pour ainsi dire figés dans les profondeurs du temps. Difficile donc de démontrer à partir de restes fossilisés que c'est par la sélection naturelle que le cheval a réduit le nombre de ses doigts ou que l'oiseau a utilisé pour voler les plumes héritées d'ancêtres dinosauriens qui, eux, ne volaient pas encore. Dans certains cas, pourtant, le récit que nous livrent les fossiles peut nous suggérer des mécanismes. Un exemple nous est fourni par les mammifères disparus d'Amérique du Sud, qui inspirèrent Darwin lors du voyage du *Beagle.* Dans le grand processus d'éclatement du « supercontinent » de Gondwana, dont l'Amérique du Sud faisait partie, ce continent s'est trouvé isolé du reste du monde par des barrières marines pendant une longue période, couvrant une bonne partie de l'ère cénozoïque. Pendant une soixantaine de millions d'années, les animaux sud-américains évoluèrent dans un isolement seulement brisé par l'arrivée épisodique d'émigrants qui avaient pu, d'une façon ou d'une autre, traverser les océans entourant le continent de toute part. L'évolution, bien entendu, fit son œuvre, avec pour résultat l'apparition de toutes sortes de formes particulières, propres à l'Amérique du Sud et ne se rencontrant nulle part ailleurs : oiseaux géants incapables de voler, marsupiaux carnivores, ongulés variés appartenant à des groupes endémiques, paresseux géants, tatous gigantesques… Un premier effet des mécanismes évolutifs s'appliquant à cette faune bien spéciale est l'apparition de formes rappelant par leurs adaptations, et donc par leur aspect, des animaux vivant sur d'autres continents et faisant partie de groupes zoologiques bien différents. Parmi les mammifères sud-américains aujourd'hui disparus, on peut ainsi trouver des « pseudo-chevaux » aux doigts réduits, des « pseudo-éléphants », des « pseudo-tapirs », des « pseudo-tigres à dents en sabre », tous produits de ce qu'on appelle l'**évolution convergente** : des conditions de vie similaires ont donné naissance à des formes animales se ressemblant à bien des égards, mais issues d'ancêtres complètement distincts. Il est facile d'interpréter tout cela en termes darwiniens : dans des circonstances environnementales comparables, régnant sur des continents séparés, la sélection naturelle, s'appliquant à des organismes au départ différents, les a amenés à évoluer dans des directions parallèles, avec des résultats similaires. D'autres continents restés isolés pendant des millions d'années, comme l'Australie, montrent des phénomènes évolutifs de ce type.

Mais les faunes fossiles sud-américaines n'illustrent pas seulement l'évolution convergente. Elles nous montrent aussi comment la concurrence entre espèces, phénomène darwinien s'il en est, peut agir, et avec quels résultats. Il y a quelque 3 millions d'années, le long isolement de l'Amérique du Sud cesse. Des phénomènes géologiques ont pour résultat la formation de l'isthme de Panamá. Dès lors, plus rien ne s'oppose à la dispersion des animaux terrestres de l'Amérique du Nord vers celle du Sud et réciproquement. Ce sont deux mondes très différents qui entrent en contact après avoir évolué séparément durant des dizaines de millions d'années. Les échanges ont lieu dans les deux sens, mais les émigrants nord-américains en Amérique du Sud sont plus nombreux que les Sud-Américains qui passent au Nord. Surtout, les effets ne sont pas les mêmes : ce grand échange intercontinental va avoir des conséquences très funestes pour une grande partie des espèces sud-américaines, qui vont purement et simplement disparaître. Tout porte à croire que dans la « lutte pour l'existence », elles n'ont pas résisté à la concurrence des nouveaux venus avec lesquels elles étaient en compétition pour l'habitat et les ressources alimentaires. Voilà qui évoque fortement les effets de la sélection naturelle, de la survie des plus aptes. Pourquoi les mammifères nord-américains ont-ils fait preuve d'une plus grande aptitude à la survie ? Il n'est pas facile de le dire. On a évoqué le fait qu'ils avaient évolué sur un continent plus vaste, moins isolé car souvent relié à l'Eurasie par la région du détroit de Béring, et qu'ils y auraient été soumis à une sélection plus intense que les animaux sud-américains, restés relativement à l'abri dans leur isolement. Quoi qu'il en soit, les fossiles eux-mêmes paraissent bien nous donner dans ce cas une belle illustration d'un des processus les plus importants de la théorie darwinienne.

Conclusion : comment lire le récit des fossiles ?

Il y a des millénaires que les fossiles nous interpellent, et guère plus de deux siècles que nous avons les moyens scientifiques de les faire vraiment parler. Que nous disent-ils ? D'abord que les êtres vivants ont, sur cette planète, une histoire très longue et très complexe dont nous connaissons maintenant non seulement les grandes lignes mais aussi beaucoup de détails et que nous pouvons replacer dans le cadre plus vaste encore du développement de notre planète.

Mais derrière toute histoire, humaine ou autre, nous cherchons à trouver des raisons, des explications : pourquoi les événements se sont-ils produits de cette façon et pas d'une autre ? La question se pose aussi pour l'histoire du monde vivant. Dès lors qu'on a compris que les fossiles n'étaient pas de simples « jeux de la nature » mais racontaient un récit, il a fallu en trouver le sens, plus ou moins caché. Pour déchiffrer les archives paléontologiques, il fallait une clé, et ce ne sont pas les seuls fossiles qui nous l'ont révélée. Relisons Darwin : s'il a pu emporter la conviction de ses contemporains, c'est en amassant et en articulant entre elles les données acquises par toutes les sciences naturelles de son temps – y compris la paléontologie. De cet exercice, qui lui prit plus de vingt ans, jaillit en 1859 la lumière, sous la forme de l'évolution par voie de sélection naturelle. Depuis, c'est à cette lumière que nous devons lire le récit que nous content les fossiles, il n'y a pas d'autre éclairage possible, toutes les autres tentatives ont échoué.

Pour le paléontologue, l'évolution a donc une double signification : elle est à la fois l'histoire que nous racontent les êtres disparus et ce qui permet de comprendre cette histoire. Peut-être y a-t-il là un paradoxe, mais il ne fait que rendre plus passionnante encore l'étude des fossiles.

Bibliographie

Pour en savoir plus sur l'histoire de la paléontologie :

Eric Buffetaut, *Histoire de la paléontologie*, Presses universitaires de France, coll. « Que sais-je ? », 1998.

Pour en savoir plus sur Darwin, par lui-même :

Charles Darwin, *L'Autobiographie*, Seuil, coll. « Science ouverte », 2008.

Pour en savoir plus sur l'interprétation évolutionniste des fossiles :

Lionel Cavin, *Darwin et les fossiles*, Georg, 2009.

Pour en savoir plus sur le créationnisme et son inanité :

Jacques Arnould, *Dieu versus Darwin : les créationnistes vont-ils triompher de la science ?*, Albin Michel, 2007.

Table des matières

Achevé d'imprimer sur rotative
par l'Imprimerie Darantiere à Dijon-Quetigny
en février 2009

N° éditeur : 0409-01/1 – N° imprimeur : 29-0025
Dépôt légal : mars 2009

Imprimé en France